ROLF REINICKE

PFLANZEN
AM OSTSEESTRAND

DEMMLER VERLAG

ROLF REINICKE

PFLANZEN
AM OSTSEESTRAND

DEMMLER VERLAG

Bibliographische Informationen
der Deutschen Nationalbibliothek:
Die Deutsche Nationalbibliothek
verzeichnet diese Publikation in der
Deutschen Nationalbibliographie.
Detaillierte bibliographische Daten
sind im Internet abrufbar unter
portal.dnb.de

Demmler Verlag GmbH
Rolf Reinicke
Steine am Ostseestrand
Texte, Fotos und Layout:
Rolf Reinicke
Lektorat und Zeichnungen:
Inge Reinicke
Druckvorbereitung:
Matthias Reinicke
www.kuestenbilder.de

ROLF REINICKE
PFLANZEN AM OSTSEESTRAND
2. Auflage 2020
ISBN 978-3-910150-75-1
© 2018 DEMMLER
VERLAG GmbH
An der Bäderstraße 7c
18311 Ribnitz-Damgarten
www.demmlerverlag.de

Printed in Germany

Sämtliche Rechte der Speicherung,
Nachnutzung sowie Verbreitung
vorbehalten.

Herzlichen Dank
für die Durchsicht des Manuskriptes
an Dipl.-Biol. Ulrich Meßner;
für die Fotos
an Dr. Fritz Gosselck (1) S. 48 u.r.,
an Dr. Bruno P. Kremer (2) S. 48
und an Mike Peters (6) S. 51 u. 55

Foto Seite 2/3:
Blühender Meersenf
am Strand auf Hiddensee

Foto auf dieser Doppelseite:
Strandhafer in den Dünen
vor Graal-Müritz

INHALT

- 6 Über dieses Buch
- 7 Pflanzen am Meer

8 PFLANZEN AM STRAND
- 10 Stranddistel
- 12 Meerkohl
- 14 Strandhafer – Strandroggen
- 16 Kali-Salzkraut
- 18 Strandkamille
- 19 Meersenf
- 20 Strand-Dreizack
- 21 Strand-Wegerich
- 22 Spießblättrige Melde
- 23 Strand-Melde
- 24 Tataren-Lattich
- 25 Salzmiere

26 PFLANZEN IN DEN DÜNEN
- 28 Strandplatterbse
- 30 Strand-Stiefmütterchen
- 32 Strandvanille
- 33 Mauerpfeffer
- 34 Filzige Pestwurz
- 35 Kuhschelle

36 DÜNENHEIDE
- 38 Heidekraut
- 40 Kriech-Weide
- 41 Krähenbeere

42 SALZWIESEN-PFLANZEN
- 44 Queller
- 46 Salzaster
- 48 Strandflieder
- 49 Strand-Beifuß
- 50 Salz-Schuppenmiere
- 51 Strand-Tausendgüldenkraut
- 52 Löffelkraut
- 53 Grasnelke
- 54 Strand-Milchkraut
- 55 Erdbeer-Klee

56 RÖHRICHTGÜRTEL
- 58 Gewöhnliches Schilf
- 60 Sumpf-Gänsedistel
- 61 Gewöhnliche Strandsimse

62 KÜSTENSCHUTZ-PFLANZEN
- 64 Kartoffel-Rose
- 66 Sanddorn

68 PFLANZEN UNTER WASSER
- 70 Seegras
- 72 Blasentang
- 73 Sägetang
- 74 Zuckertang
- 75 Gabeltang
- 76 Meerampfer
- 77 Meersalat

- 78 Gut zu wissen
- 79 Artenliste

ÜBER DIESES BUCH

Das ist ein Buch für Naturfreunde und für jene Ostseefreunde, die vielleicht Naturfreunde werden möchten. Hier geht es also um die Pflanzen an der Ostseeküste – um solche, die uns bei Wanderungen überall am Strand, in den Dünen und an den Ufern der Bodden, Haffe und Förden begegnen – manche wunderschön blühend, andere eher unscheinbar. Die wichtigsten und interessantesten Pflanzenarten, die dort wachsen, sind auf besonders sorgfältig ausgewählten Fotos so abgebildet, dass man sie danach leicht bestimmen kann. Viele Aufnahmen zeigen sie zusätzlich in ihrem typischen Lebensraum, in der Küstenlandschaft. In kurzen Texten erfährt man eine Menge über die im Foto nicht erkennbaren Besonderheiten der jeweiligen Pflanzenart.

Dieses ungewöhnliche Pflanzenbuch bietet keine Vollständigkeit und ist auch nicht für Fachleute gedacht, sondern für den ganz normalen Strandwanderer – für jeden, der lesen kann und der bereit ist, selbst zu entdecken und zu erkennen.

Im Text wird ganz und gar auf Fremdwörter verzichtet, dafür aber großer Wert darauf gelegt, die besondere Vielfalt und Schönheit der Pflanzenwelt unserer Küste im Bild zu zeigen. Die Fotos für dieses Taschenbuch entstanden in den vergangenen drei Jahrzehnten bei ungezählten Wanderungen an der deutschen, dänischen und südschwedischen Ostseeküste. Die hier vorgestellten Pflanzen findet man hauptsächlich an der südlichen Ostsee, die meisten von ihnen auch an der Nordsee.

PFLANZEN AM MEER

Die Pflanzenwelt an unserer Küste überrascht mit interessanten Besonderheiten. Viele der hier vorgestellten Pflanzen wachsen – im Gegensatz zu den meisten anderen – auch dann, wenn sie mit dem salzigen Wasser der Ostsee in Berührung kommen. Sie werden überspült, sind dem Spritzwasser der Wellen oder den feinen, vom Wind getriebenen Salzwasserschleiern ausgesetzt. Diese küstentypischen **„Salzpflanzen"** benötigen zwar zusätzlich zu den im Grundwasser immer vorhandenen Nährstoffen keine anderen Salze. Aber sie kommen mit dem Salz zurecht – sie sind **salztolerant**. Damit haben sie allen anderen Pflanzenarten gegenüber den Vorteil, dass sie deren Konkurrenz an salzigen Standorten nicht fürchten müssen. Das aufgenommene Salz wird von einigen Arten wieder ausgeschieden, bei anderen in dickfleischigen Blättern, die teilweise später abgeworfen werden, gespeichert.

Strand, Dünen und Ufersäume sind die wichtigsten Lebensräume, denen die einzelnen Küstenpflanzen dieses Buches zugeordnet sind. Aber längst nicht immer halten sich die Planzen daran. So wächst die Stranddistel durchaus nicht nur am Strand, sondern wesentlich öfter in den Dünen; der Strand-Dreizack ebenso gern auf den Salzwiesen und Ufersäumen – um nur zwei Beispiele zu nennen.

Oft findet eine bestimmte Pflanzenart an verschiedenen Standorten auch ganz unterschiedliche Bedingungen. So kommt es, dass die gleiche Pflanze an einer nährstoffreichen Stelle prächtige meterhohe Büsche bildet, an einer anderen, nährstoffarmen, aber nur kleine bescheidene Exemplare.

Viele Küstenpflanzen haben ein kurzes Leben: Sie keimen, wachsen, blühen, fruchten und vergehen im Laufe eines Jahres – sind also **einjährig**. Andere keimen und wachsen im ersten Jahr; überwintern; blühen, fruchten und vergehen im zweiten – sie sind **zweijährig**. Es gibt aber auch Pflanzen, die immer wieder neu austreiben, also **ausdauernd** sind. Diese drei Begriffe – einjährig, zweijährig und ausdauernd – werden in den folgenden Texten immer ohne Erläuterung verwendet.

Eine Besonderheit sind die unter Wasser wachsenden Blütenpflanzen und Großalgen. Ihnen ist ein eigenes Kapitel gewidmet.

PFLANZEN AM STRAND
Ein unbequemer Lebensraum

Ob Sandstrand oder Geröllstrand – an vielen Stellen wachsen hier Pflanzen. Sie sind natürlich nicht dort zu finden, wo die Wellen den Sand oder die Steine beständig bewegen und kaum auf dem breiten Badestrand. Aber schon wenig landeinwärts, am Fuße der Düne oder des Steilufers, gedeihen sie. Und dass, obwohl sie bei Hochwasser mit den Wurzeln im salzigen Ostseewasser stehen oder gar hin und wieder von den Wellen überspült werden. Auch haben sie den Sturm und den dabei treibenden Sand aus erster Hand.

Sandstrand

Man könnte meinen, dass sie im Strandsand oder im Strandgeröll kaum Nährstoffe finden. Doch dieser Eindruck täuscht. Die Wellen spülen bei Sturm regelmäßig Seegras und Tang an den Strand. Deren Reste werden von Sand oder Geröll überdeckt. Sie verrotten im Untergrund oder zwischen den Steinen und geben dabei reichlich Nährstoffe frei. An anderer Stelle sickert nährstoffreiches Grundwasser aus dem Steilufer durch den Strand.

Strandwiese

So kommt es, dass aus dem nackten Sand, Kies oder Geröll oft sehr kräftige Pflanzen sprießen, hier blühen und fruchten. Hochwasser trägt dann die Früchte im Herbst davon und wirft sie an anderer Stelle des Strandes aus – meist dort, wo auch Seegras und Tang ausgeworfen werden. Dort keimen die Pflanzen im nächsten Frühjahr – also genau an den Stellen, an denen sie reichlich Nährstoffe vorfinden. Abgesehen vom Salz, mit dem sie ja zurechtkommen, ist der Strand ein zwar unbequemer, aber kein schlechter Strandort.

Geröllstrand

großes Foto: blühendes Löffelkraut am Strand von Langeland/Dänemark

STRANDDISTEL
Wappenpflanze unserer Küste

Ihre kräftigen, stacheligen Stauden entdeckt man manchmal vom Strandzugang aus in den Dünen. Dort wächst sie am liebsten. Die kräftigen Wurzeln dieser ausdauernden Pflanze reichen oft mehr als zwei Meter in den Untergrund hinein. Mit ihren interessant geformten Blättern und Blüten ist die Stranddistel die Charakterpflanze der Küste – ein sogar in der Werbung oft verwendetes Motiv. Leider findet man sie nur recht selten, denn noch vor wenigen Jahrzehnten pflückte man sie in Mengen für Trockensträuße, die damals in Mode waren. Dabei wäre die attraktive Pflanze fast ausgerottet worden. Jetzt haben sich ihre Bestände etwas erholt. Nach wie vor steht sie natürlich streng unter Naturschutz.

großes Foto: Stranddistel am Geröllstrand, kurz vor der Blüte

Sie wächst auch sehr gern in den Dünen.

MEERKOHL
Stattlichste aller Strandpflanzen

Mit seinen kräftigen, zuerst blauvioletten, dann blaugrünen Blättern und den prächtigen Blütenständen ist der Meerkohl am Strand bestimmt nicht zu übersehen. Oft wird er halbmeterhoch. Diese stattlichste aller Strandpflanzen wächst gern an geröllreichen Stränden und blüht im Frühsommer. Die kugelrunden kleinen Früchtchen der ausdauernden Pflanze enthalten jeweils nur einen Samen, der von einer korkartigen Hülle umgeben ist. Es sind „Schwimmfrüchte", die vom Wasser verbreitet werden.

Meerkohl ist längst nicht überall zu finden und steht daher unter Naturschutz. In Notzeiten wurde er vielerorts an der Küste als Wildgemüse verzehrt. Deshalb ist er wohl so selten geworden.

großes Foto: blühender Meerkohl am Strand von Hohwacht

austreibend

blühend   *fruchtend*

STRANDHAFER – STRANDROGGEN
Die bekannten Küstengräser

Die beiden einander ähnlichen, kräftigen, anspruchslosen und ausdauernden Gräser sind – nebeneinander wachsend – leicht zu unterscheiden: dunkelgrün, schmalblättrig der Strandhafer; blaugrün mit deutlich breiteren Blättern der Strandroggen. Obwohl, jedenfalls dem Namen nach, am Strand wachsend, sind sie doch häufiger in den extrem trockenen Weißdünen zu finden. Sie verstehen es, mit ihrem äußerst fein verzweigtem Wurzelwerk die wenigen im Sand vorhandenen Nährstoffe aufzunehmen – und damit auch den Sand festzuhalten. Sie wachsen selbst dann weiter, wenn sie vom Sand überweht werden. Deshalb pflanzt man Strandhafer großflächig auf neu angelegte oder ausgebesserte Hochwasserschutzdünen.

großes Foto: Strandhafer und Strandroggen am Darßer Weststrand

Wurzelgeflecht

angepflanzter Strandhafer

Strandhafer   *Strandroggen*

austreibend

KALI-SALZKRAUT
Die kleinen Stachelbüsche

Es ist bestimmt der stachligste Geselle unter allen Strandpflanzen. Die winzigen, harten Blätter des Kali-Salzkrautes haben schmerzhaft stechende Spitzen. Daher genügt schon eine vorsichtige Berührung mit der Fingerspitze, um die einjährige Pflanze sicher zu erkennen. Die speichert neben Kochsalz auch Kalisalz (Kaliumchlorid) – deshalb der Name – und diente früher zur Herstellung von Pottasche und Soda.

Im Herbst vertrocknen die kleinen, meist etwas kugeligen Büsche. Dann reißt sie der Sturm irgendwann aus dem Sand und trudelt sie über den Strand. Dabei streuen sie natürlich ihre Samen aus – eine recht ungewöhnliche Methode der „Selbstaussaat".

großes Foto: Kali-Salzkrautbüsche am herbstlichen Strand von Peenemünde auf Usedom

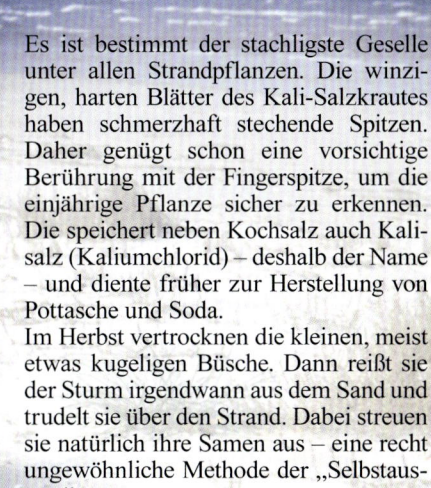

blühend

STRANDKAMILLE
Die mit den schönen Strahlenblüten

Kamille wächst an vielen Stellen – diese Art, auch als Echte Strandkamille bezeichnet, meist an der Küste. Sie duftet nicht wie die eigentliche Echte Kamille (die ihr sehr ähnlich ist) bildet aber mit ihren schönen weißen, strahligen Blüten und dem intensiv gelben Blütenkorb eine sommerliche Zierde vieler Strände. Die überaus fein gefiederten Blätter der zweijährigen oder sogar ausdauernden Pflanze haben dazu ein besonders intensives Grün. Je nach Standort können es kleine, recht bescheidene Pflänzchen in reinem Sand oder große, prächtige Kissen an nährstoffreichen Standorten sein. Da sie oft sehr dicht an der Wasserlinie wächst, bereitet ihr das Salzwasser offensichtlich keine Probleme.

großes Foto: Strandkamille am nährstoffreichen Strand der Vogelschutzinsel Langenwerder

MEERSENF
Blütenpracht bis zum ersten Frost

Bevor sie so schön hellviolett blüht wie auf den Fotos (auch auf den Seiten 2/3 und 6/7), muss die Pflanze keimen und austreiben – sie ist einjährig. Erst vom Hochsommer an zeigt der Meersenf seine schönen zarten Blüten. Dafür aber kann man sich an ihnen bis zum ersten Frost erfreuen, denn immer neue Knospen brechen auf.

Meersenf liebt die nährstoffreichen Spülsäume der Strände. Genau dort werden auch seine zahlreichen Samen angetrieben. So kommt es, dass manchmal der Verlauf eines bei Winterstürmen entstandenen Spülsaumes durch die Pflanzen nachgezeichnet wird – so wie es das Foto unten zeigt.

großes Foto: Meersenf am Strand von Falsterbo/Schonen (Schweden)

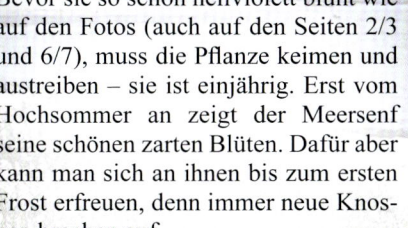

STRAND-DREIZACK
Mit den besonderen Blättern

Strand-Dreizack wächst auch am Strand, viel öfter aber auf den Salzwiesen. Die wenig auffallende, ausdauernde Pflanze ist recht häufig. Ihre Stängel mit Blüten/Früchten können an günstigen Standorten bis halbmeterhoch werden. Der bis zu 20 cm lange traubige Blütenstand hat viele winzige rosa Einzelblüten.

Besonders charakteristisch sind die langen, derben, ganz schmalen und dickfleischigen Blätter. Die aber fallen zwischen den dicht wachsenden Gräsern und Kräutern der Salzwiesen meist nur wenig auf.

Wer Strand-Dreizack ganz sicher erkennen möchte, sollte ein Blatt zwischen den Fingern zerreiben: Es verströmt einen chlorartigen Geruch.

blühend

blühend

fruchtend

STRAND-WEGERICH
Mit den vielen Samen

Auch der Strand-Wegerich hat etwas dickfleischige, recht lange und schmale Blätter. Die sind leicht eingerollt und bilden direkt über dem Wurzelstock eine dichte Blattrosette. Wer genau hinschaut, dem fallen die vielen ährigen Blütenstände besonders während der sommerlichen Blütezeit durch ihre goldgelben Staubgefäße auf.

In kleinen Hohlräumen der dickfleischigen Blätter lagert die ausdauernde Pflanze aufgenommenes Salz ab. Ältere Blätter werden deshalb frühzeitig abgeworfen.

Und wie bei den meisten anderen ausdauernden Strandpflanzen überwintert auch bei ihr nur der kräftige Wurzelstock – die Pflanze „zieht ein".

blühend

fruchtend

fruchtend

SPIESSBLÄTTRIGE MELDE
Die mit den typischen Blättern

Ihre kräftigen Blätter besitzen die Form einer Lanzenspitze. Ja, natürlich – diese auf besonders nährstoffreichem Untergrund (z. B. auf Tangwällen) oft meterhoch wachsende Strandpflanze kennt man auch von binnenländischen Unkrautfluren. Hier am Strand, auf den Salzwiesen und im Röhrichtgürtel zeigt sie ihre Anpassungsfähigkeit: Salzwasser macht ihr nichts aus. Dafür werden ihre Blätter etwas dicker.

Je nach Standort ist die einjährige Pflanze klein und gedrungen oder kräftig-üppig. Zur Herbstzeit erkennt man sie besonders gut. Dann sind Stängel und Blätter leuchtend rot gefärbt – eine besondere Zierde der Salzwiesen.

großes Foto: Spießblättrige Melde am Strand von Wittow/Rügen

jung, auf Sandstrand

blühend

auf herbstlicher Salzwiese

STRAND-MELDE
Die wenig Beachtete

Mit ihren sehr schmalen, langen Blättern unterscheidet sich die Strand-Melde ganz deutlich von der Spießblättrigen. Man findet sie an der Küste an den gleichen Standorten wie diese – also am Strand, auf den Salzwiesen und im Röhrichtgürtel – aber nicht im Binnenland. Strand-Melde ist also eine „echte Salzpflanze", die auch mit sehr salzigen Stellen gut zurechtkommt.

Im Gegensatz zur Spießblättrigen Melde ist die Strand-Melde ausdauernd, aber ebenso vielfältig in ihren Erscheinungsformen, abhängig von den am Standort gebotenen Nährstoffen. Sind die reichlich vorhanden, so kann die oft in dichten kleinen Büschen wachsende Pflanze bis zu 80 cm hoch werden.

blühend

am herbstlichen Strand

jung, auf Sandstrand

TATAREN-LATTICH
Neubürger aus den Steppen Asiens

Seine fast meterhohen Stauden erfreuen uns im Hochsommer mit ihren schönen blauvioletten Strahlenblüten. Die langen, kräftig gezähnten Blätter erinnern etwas an Löwenzahn.

Tataren-Lattich wächst noch nicht lange an der Ostseeküste. Er ist aus den salzigen Steppen Asiens „eingewandert", wurde also – wie viele andere Pflanzen – vom Menschen eingeschleppt. Zuerst hat man ihn um 1900 am Greifswalder Bodden gefunden. Inzwischen hat er sich ausgebreitet und wächst an vielen anderen Stränden der südlichen Ostsee. Sogar bis auf die großen Kalksteininseln Öland und Gotland hat er es geschafft.

großes Foto: blühender Tataren-Lattich am Gelben Ufer auf dem Zudar/Rügen

fruchtend

blühend

SALZMIERE
Die kleine Anspruchslose

Die kleinen Pflänzchen mit ihren winzigen, dickfleischigen, glänzenden Blättchen wachsen oft dicht an der Wasserlinie. Sie bedecken hier und da als niedrige Polster den sandigen Strand, gedeihen aber auch zwischen dem Strandgeröll.

Man muss schon genau hinschauen, um die hübschen kleinen Blüten zu entdecken. Auffallender sind die intensiv gelblich gefärbten, fast kugelrunden Früchte, die im Herbst in großer Menge auf den winzigen Stängeln sitzen. Später zeigt die ausdauernde Pflanze eine intensive gelbliche Herbstfärbung. Dann verwelkt sie, um im nächsten Frühjahr wieder neu auszutreiben – falls ihr Wurzelstock nicht gerade von den Wellen weggespült wird.

blühend

fruchtend

knospend

PFLANZEN IN DEN DÜNEN
Sie trotzen Trockenheit und Wind

Dünen gehören für Pflanzen zu den schwierigsten Standorten überhaupt. Sobald der Sand am Strand trocknet, beginnt der Wind, ihn landeinwärts zu wehen. An kleinen Hindernissen bilden sich dann Sandfahnen, die langsam wachsen. So entstehen die niedrigen **Vordünen**. Können sie sich ungestört entwickeln, so werden sie zu mehrere Meter hohen Sandhügeln, zu **Weißdünen**. Weil es dort aber kaum Humus, also Nährstoffe, gibt und das Regenwasser sofort im Sand versickert, haben es Pflanzen auf Vordünen und Weißdünen besonders schwer. Deshalb wachsen hier nur wenige Arten, hauptsächlich Strandhafer und Strandroggen.

Lagern sich seeseitig weitere Dünen an, so durchsetzt erster Humus den Sand der älteren Weißdünen. Sie werden zu **Graudünen**, auf denen sich Moose, Flechten und feinere Gräser ansiedeln.

Hat sich weiterer Humus angereichert, bewachsen die Graudünen mit Zwergsträuchern wie Heidekraut und Krähenbeere, sie werden zu **Braundünen**. Auf ihnen wächst dann schließlich ein Dünenkiefernwald heran.

Diese natürliche Entwicklung vollzieht sich heute nur noch an wenigen unserer Flachküsten. An die Stelle von Naturdünen sind die vom Menschen geformten und mit Strandhafer bepflanzte **Dünendeiche** (Hochwasserschutzdünen) getreten. Dort siedeln sich alsbald auch andere Dünenpflanzen an

Grafik:
Dünenküste mit natürlicher Entwicklung (Schema)

großes Foto: Weiß-, Grau- und Braundünen am Darßer Ort

Gräser und Flechten

Gräser und Moos

Sand-Strohblumen

Grafik: Matthias-Reinicke

Strand | Vordüne | Weißdüne | Graudüne | vermoortes Dünental | Dünenkiefernwald | Braundüne

STRAND-PLATTERBSE
Die mit den schönen Blüten

Die typischen Schmetterlingsblüten der kräftigen, rankenden Pflanze mit ihren Fiederblättern sind zuerst rotviolett, später blauviolett. Sie bilden eine kleine Traube aus bis zu zwölf Einzelblüten. Aus jeder befruchteten Blüte entwickelt sich eine kräftige Schote, die mehrere kleine, dunkle Erbsen enthält, die nicht kugelrund, sondern abgeplattet sind – daher der Name.

Die ausdauernde Pflanze speichert in ihren Wurzelknöllchen Stickstoff, der ihr im folgenden Jahr wieder zur Verfügung steht – bestimmt ein Vorteil an ihren meist nährstoffarmen Standorten.

großes Foto: Strand-Platterbsen auf „angelehnter" Düne vor dem Kliff westlich Kap Arkona/Rügen

Knospen

Blüten

Blüten und Schoten

STRAND-STIEFMÜTTERCHEN
Mit dreifarbigen Blüten

Viola tricolor (dreifarbiges Veilchen) heißt der schöne lateinische Name dieser kleinen, zauberhaften Blüte — manchmal auch **Wildes Stiefmütterchen** oder Dünenveilchen genannt. Tatsächlich wächst das so schön blühende Pflänzchen im trockenen Sand der Weiß- und Graudünen zwischen Strandhafer, Moos und Flechten. Das zarte Kräutlein verträgt es sogar, wenn es teilweise mit Sand überweht wird.

Je nach Standort ist das Strand-Stiefmütterchen einjährig, zweijährig oder sogar ausdauernd. Und seine Blütenfarbe fällt manchmal etwas unterschiedlich aus.

STRANDVANILLE
Seltene, duftende Schönheit

Eigentlich heißt sie **Braunrote Ständelwurz**. Ihr starker Vanilleduft brachte ihr jedoch den viel interessanter klingenden Namen. Strandvanille ist eine der seltenen unter unseren heimischen Orchideen. Doch hin und wieder entdeckt man einen der prächtigen Blütenstände sogar in den Braundünen direkt an der Strandpromenade.

Die bis halbmeterhohe, ausdauernde Pflanze wächst an der deutschen Ostseeküste allerdings nur östlich vom Darß und ist weiter im Osten viel häufiger. Man findet sie auch in süddeutschen Kalklandschaften.

großes Foto: Strandvanille in den Dünen der Halbinsel Mönchgut/Rügen

verblüht

fruchtend

SCHARFER MAUERPFEFFER
Der ausgesprochen Genügsame

Im Vergleich mit der seltenen Strandvanille ist der Mauerpfeffer eher ein „Allerweltskerl". Man findet ihn dort, wo andere Pflanzen nicht gern wachsen – an Stellen, wo es besonders trocken und nährstoffarm ist. So in den Graudünen, aber auch überall auf Trockenrasen und sogar auf begrünten Dächern. Seine winzigen, dickfleischigen Blätter, die beim Kauen scharf schmecken (daher der Name), weisen ihn als Vertreter der Fetthennen aus.
Die goldgelb leuchtenden Blüten der niedrigen, immergrünen Pflanze gehören zum sommerlichen Bild der kargen Dünenlandschaft, in der sie natürlich besonders auffallen.

FILZIGE PESTWURZ
Die mit den grossen Blättern

Ihre großen, langstieligen Blätter erinnern sehr an Huflattich, der auch an der Küste vielerorts wächst, wohl aber kaum so direkt aus dem nackten Sand sprießt. Gut zu erkennen sind die Blätter der Filzigen Pestwurz am feinen hell-filzigen Belag (Name!) an der Unterseite. Ihre ungewöhnlich dicken, fleischigen, weißlichen Wurzeln durchziehen als verzweigtes Netz den sandigen Boden und speichern Nährstoffe. So kann die Pflanze bereits im zeitigen Frühjahr austreiben und blühen. Im Herbst überrascht sie mit intensiv gefärbten Blättern.

großes Foto: Filzige Pestwurz in den Dünen am Stettiner Haff bei Ueckermünde

austreibend

herbstliche Blattfärbung

blühend

WIESEN-KUHSCHELLE
Die mit den feinen Härchen

Bereits im Frühling erfreuen sie uns mit ihren kleinen, an langen Stängeln hängenden Blüten. Hier und da stehen Kuhschellen in den Graudünen sogar direkt am Strandzugang.

Tatsächlich erinnert die Blütenform an winzige Kuhglocken. Feinste helle Härchen bedecken die ganze Pflanze, die sich so vor starker Verdunstung an extremen Standorten schützt. Im Sommer entwickelt sich dann der auffallende flauschige Fruchtstand, der an eine Blüte erinnert und besonders schön im Gegenlicht leuchtet.

großes Foto: Wiesen-Kuhschellen in den Dünen vor Baabe/Rügen

blühend

fruchtend

DÜNENHEIDE
Eine besondere Kulturlandschaft

Hat die Natur in den Küstendünen freien Lauf, so entwickelt sich aus Weiß-, Grau- und Braundünen schließlich ein Dünenwald, der hauptsächlich aus Kiefern besteht.

Dünenheide – eine früher an der Küste verbreitete Kulturlandschaft – ist das Ergebnis einer anderen Entwicklung. Sie entstand auf den Grau- und Braundünen unter dem Tritt und Biss des Weideviehs, das einst beständig hier weidete. Außerdem wurde Rohhumus („Plaggen") als Stall-Einstreu, Heiz- und Baumaterial entnommen. So konnten sich kaum Bäume entwickeln, dafür aber großflächig Heidekraut sowie andere Zwergsträucher, die immer wieder nachwuchsen; dazwischen Flechten, Gräser, Farne und – in den kleinen Dünenmooren – botanische Kostbarkeiten wie Sonnentau oder Glockenheide.

Heute ist diese über Jahrhunderte währende Nutzung eingestellt. Die Dünenheide „altert" – Bäume, Gesträuch und hohe Gräser breiten sich aus. So bemüht man sich besonders in der zum Nationalpark Vorpommersche Boddenlandschaft gehörenden Dünenheide auf der Insel Hiddensee, diese Entwicklung durch umfangreiche Pflegemaßnahmen zu verhindern oder zu verlangsamen. Deshalb werden hier u. a. Kiefern und Brombeergestrüpp beseitigt sowie kleinflächig offene Stellen geschaffen, auf denen sich die Heide verjüngen kann.

großes Foto: Frühling in der Dünenheide auf Hiddensee

Tüpfelfarn

Glockenheide

Sonnentau

HEIDEKRAUT
Der flächendeckende Zwergstrauch

Ein wunderbarer Duft liegt über der Küsten-Dünenheide, wenn das Heidekraut im August/September blüht. Der oft auch als Besenheide bezeichnete Zwergstrauch ist ausdauernd und immergrün. Seine kleinen Zweige verholzen und die Wurzeln reichen tief in den sandigen Untergrund. Die recht langsam wachsende Pflanze kann – anders als die meisten der hier behandelten Küstenpflanzen – recht alt werden (bis zu 40 Jahre) und große Flächen nahezu vollständig bedecken.

großes Foto: Heideblüte im Naturschutzgebiet Dünenheide auf Hiddensee

KRIECH-WEIDE
Die ersten Blüten in der Heide

Wenn im April/Mai die Dünenheide noch recht kahl erscheint, blüht es doch hier und da bereits ganz unerwartet schön. Das sind die niedrigen, kräftigen Sträucher der Kriech-Weide, deren hellgelbe Blüten auch herrlich duften und damit die ersten Bienen in die Heide locken. Kurze Zeit später überzieht sich die ganze Pflanze mit einem weißen Flausch. Die weißen Wollflöckchen, die dann vom Wind über die Heide geweht werden, tragen ihre winzigen Samen.

großes Foto: fruchtende Kriech-Weide in der Dünenheide auf Hiddensee

Blüten

KRÄHENBEERE
Die dichten Polster

Die Krähenbeere ist, so wie das Heidekraut, ein langlebiger Zwergstrauch, der große Flächen vollständig bedecken kann. Seine völlig unscheinbaren kleinen Blüten verstecken sich zwischen den winzigen dichtstehenden, nadelförmigen Blättchen. Im Herbst dagegen leuchten die schwarzglänzenden Beeren aus den niedrigen Polstern – Nahrungsgrundlage für zahlreiche Vögel, nicht nur für Krähen. Die kernreichen Früchte enthalten viel Vitamin C. Ihr Saft wird in Skandinavien und auf Island sehr geschätzt.

großes Foto: Krähenbeeren-Dickicht in der Dünenheide auf Hiddensee

Früchte

SALZWIESEN-PFLANZEN
Lebensraum der Bodden- und Haffküsten

Die Bodden und Haffe sind – im Vergleich zur freien Ostsee – ruhigere Gewässer. An ihren Ufern gibt es eher Verlandung als Abtragung. Bei der Verlandung lagern sich am Ufersaum hauptsächlich feine Humusstoffe ab, die einen dunklen, nährstoffreichen Schlick ergeben, auf dem sich alsbald die ersten Pflanzen ansiedeln, beispielsweise „Pionierpflanzen" wie Queller. Später kommen andere. Dabei wächst Schilf am besten und verdrängt mit seinen hohen dichten Beständen die meisten anderen Pflanzen (Seite 56).

Werden diese Verlandungsflächen jedoch regelmäßig beweidet, so bildet sich kein Schilfgürtel. Unter den Hufen des Weideviehs entstehen kurzrasige Feuchtwiesen (Niedermoore), auf denen zahlreiche Salzpflanzen wachsen und die man deshalb einfach als Salzwiesen bezeichnet. Sie werden bei Hochwasser regelmäßig überflutet und erhalten auf diese Weise ab und zu etwas Salzwasser.

Auf den artenreichen Salzwiesen wachsen auch einige der Pflanzen, die bereits als Strandpflanzen vorgestellt wurden, z. B. Strand-Dreizack, Strand-Wegerich, Spießblättrige Melde, Strand-Melde oder Salzmiere.

Werden Salzwiesen nicht mehr beweidet, so verschwinden manche Pflanzenarten und schließlich breitet sich Schilf auf diesen Flächen aus. An ihre Stelle tritt also der weniger artenreiche Röhrichtgürtel.

großes Foto: Salzwiese auf dem Rustwerder am Faulen See/Insel Poel

herbstliche Salzwiese mit Strand-Melde

Salzwiese mit ausgetrocknetem Tümpel

Wiesenkante mit Salzastern und Salzwegerich

Kuhherde auf einer Salzwiese

QUELLER
Pionier auf den Verlandungszonen

Queller ist die erste Pflanze, die sich auf neu gebildeten Schlickflächen ansiedelt. Sie wächst dort oft ganz allein in dichten Beständen. Die unverwechselbaren Pflänzchen scheinen nur aus dicklichen Ästchen zu bestehen. Tatsächlich sind die Blätter zu winzigen Schüppchen reduziert.
Queller speichert reichlich Wasser, damit er mit dem Salz zurechtkommt, das er aufnimmt. Daher erscheint er so dickfleischig aufgequollen. Im Herbst verfärbt sich die einjährige Pflanze kräftig rötlich oder rotbraun.

großes Foto: Quellerwiese vor der Insel Langenwerder

45

SALZASTER
Blütenpracht im Spätsommer

Die zartviolett und gelb leuchtenden Blüten der Salzaster erfreuen uns erst im Spätsommer. Die bis zu halbmeterhohe Pflanze muss bis dahin keimen und wachsen, denn sie ist einjährig. Besonders üppig wächst sie auf den Salzwiesen; man findet sie aber auch am Strand und im Röhrichtgürtel. Ihre großen, länglichen, glattrandigen Blätter liegen meist flach am Boden und stehen etwas im Kontrast zu den filigranen Blütenständen.

großes Foto: Salzasterblüte auf einer Salzwiese am Salzhaff/Insel Poel

fruchtend

auf einer Strandwiese

blühend

STRANDFLIEDER
Seltene Schönheit

Die wunderschönen Blütenstände des **Gewöhnlichen Strandflieders** zählen zu den Raritäten unter den Salzwiesenpflanzen. Das hat seinen guten Grund: Man pflückte ihn früher als „Statice" in Massen für Trockensträuße. So ist er selten geworden.

Heute erfreut uns die ausdauernde Pflanze mit ihrem bis kniehohen Blütenstand im August/September hauptsächlich in Naturschutzgebieten an der westlichen Ostseeküste. Ihre großen, derben, dunkelgrünen Blätter wachsen direkt am Boden.

An der Nordsee, wo er auch Halligflieder genannt wird, kann man ihn noch wesentlich häufiger beobachten.

STRAND-BEIFUSS
Der stark Duftende

Wer einmal ein paar Blättchen dieser charakteristischen Salzpflanze zwischen den Fingern zerrieben hat, wird ihren starken aromatischen Geruch wohl kaum vergessen.

Strand-Beifuß erkennt man bereits aus der Ferne an seiner ungewöhnlichen hellen, weißlich-grünlichen Färbung. Oft bilden die ausdauernden Pflanzen kleine geschlossene Bestände, die an günstigen Standorten fast meterhoch werden können. Seine eher unscheinbaren gelblichgrünen Blüten erscheinen erst im Spätsommer.

großes Foto: Strand-Beifußdickicht am Salzhaff/Insel Poel

blühend

SALZ-SCHUPPENMIERE
Unauffällig am Boden

Dieses niedrige, oft im dichten Bewuchs der Salzwiesen fast verschwindende Pflänzchen ist bestimmt nicht besonders attraktiv, aber doch sehr charakteristisch für diesen besonderen Lebensraum. Am besten zu erkennen ist es an seinen schönen, kleinen Blütensternen, deren Kronblätter vom Zartviolett ins Weiß übergehen.

Dicke, rundliche Knospen und Fruchtstände sind oft zeitgleich mit den Blüten an den zarten Stängeln zu sehen. Mit ihren kleinen, nadelförmigen Blättchen bilden sie ein dichtes Gerank an recht nassen Stellen der Salzwiesen. Nicht selten wächst die Salz-Schuppenmiere zwischen dem Queller.

STRAND-TAUSENDGÜLDENKRAUT
Das zarte schöne Kräutlein

Auch bei dieser kleinen, oft nur dezimeterhohen Salzpflanze ist genau hinzusehen, will man sie entdecken. Wer sie findet, freut sich an den wunderschönen kleinen rosa Blüten, die sich nur bei hellem Sonnenschein öffnen und die in ihrer Art eine Besonderheit darstellen.

Das zweijährige Strand-Tausendgüldenkraut gehört zu den Enziangewächsen und wächst gern an eher etwas trockeneren, sandigen Stellen und auch zwischen den Dünen. Auf Grund seiner Seltenheit steht das früher als Heilpflanze viel gesammelte Tausendgüldenkraut heute unter Naturschutz.

Fotos auf dieser Seite: Mike Peters

LÖFFELKRAUT
Mit charakteristischen Blättern

Der Name dieses bereits im Mai üppig blühenden Krautes bezieht sich auf die löffelförmigen Blätter, die dann aber meist unter seinem weißen Blütenflor verschwinden. Manche Salzwiesen – hauptsächlich an der westlichen Ostsee und hier besonders auf den dänischen Inseln und auf Jütland – scheinen dann aus der Ferne mit Schaumklecksen übersät zu sein. Die Unterscheidung der drei Löffelkraut-Arten, die an der südlichen Ostsee wachsen (Englisches, Dänisches und Gebräuchliches Löffelkraut) ist eine Sache für Fachleute. Alle drei Arten mögen Salzwiesen und sind ein- oder zweijährig bzw. sogar ausdauernd.

großes Foto: Löffelkrautblüte auf einer Salzwiese am Limfjord (Dänemark)

GRASNELKE
Zierde der Küstenlandschaft

Auf dünnem Stängel schwanken die rosa Blütenköpfe der Grasnelken im Küstenwind – eine wahre Freude. Man findet diese schönen Blumen auch an vielen Stellen im Binnenland. Hier an der Küste aber scheint die ausdauernde **Gewöhnliche Grasnelke** besonders üppig zu wachsen – sie mag salzige Standorte – Salzwiesen ebenso wie Graudünen oder Trockenrasen. Nach der Hauptblüte im Frühsommer findet man noch bis in den Herbst hinein blühende Exemplare. Die feinen, länglichen Blätter der Grasnelke fallen wenig auf, denn sie sitzen am Grunde um den blattlosen Blütenstängel herum.

STRAND-MILCHKRAUT
Vielfältiges Pflänzchen

Früher glaubte man, dass Kühe, die auf Salzwiesen mit reichlich Milchkraut weideten, mehr Milch geben würden. So kam es zu dem Namen. Ein wenig an Salzmiere erinnernd, zeigt das Pflänzchen an verschiedenen Standorten sehr unterschiedliche Wuchsformen – so wie es die Fotos zeigen. An mageren Stellen, etwa zwischen dem Geröll am Außenstrand, wird es gerade einmal drei, vier Zentimeter hoch; an besseren, wie auf feuchten Salzwiesen, zwei Dezimeter. Charakteristisch sind seine vielen kleinen rosa Blüten, die an den Blattansätzen direkt am Stängel sitzen. Sie zeigen sich von Mai bis August.

ERDBEER-KLEE
Ein besonderer Fruchtstand

Wer den eigenwillig geformten Fruchtstand dieser Kleeart finden will, der hat vielleicht im Hochsommer auf nährstoffreichen, feuchten Salzwiesen die beste Aussicht auf Erfolg. Dabei heißt es aber, genau hinzuschauen, denn die charakteristischen, an Erdbeeren erinnernden Fruchtstände sind nur reichlich zentimetergroß.

Blüten und Blätter des Erdbeer-Klees sehen ganz „normal" aus – ungefähr so wie bei anderen Kleearten. Die Stängel des ausdauernden Schmetterlingsblütlers kriechen am Boden.

blühend

fruchtend

Fotos auf dieser Seite: Mike Peeters

RÖHRICHTGÜRTEL
Ufersaum der Bodden und Haffe

Die meisten Ufer der nährstoffreichen Bodden und Haffe verlanden. An ihren Rändern bilden sich besonders im Winterhalbjahr kleine Spülsäume aus abgestorbenen Algen- und Pflanzenresten. Dieses organische Angespül verwest oder verfault. Es bildet eine ideale Grundlage für ein üppiges Wachstum jener Pflanzen, die nasse, leicht salzige Standorte vertragen. Von ihnen wächst das Schilf am besten und verdrängt mit seinen hohen, dichten Beständen in der Regel die meisten anderen Pflanzen. Deshalb nennt man den Röhrichtgürtel oft einfach auch Schilfgürtel.

Stellenweise können sich aber zwischen dem Schilf auch andere Pflanzen behaupten. So bildet die Strandsimse hier und da geschlossene Bestände vor der hohen Schilffront. Strandaster, Sumpf-Gänsedistel, Wasserdost und Salzmelde wachsen oft am landseitigen Rand des Röhrichtgürtels. Dort rankt auch stellenweise die Zaunwinde.

Der Röhrichtgürtel bildet im Sommerhalbjahr ein bevorzugtes Brutrevier zahlreicher Vogelarten. Das ist einer der Gründe, weshalb hier das Anlegen von Sportbooten unerwünscht ist. Im Spätherbst sterben alle oberirdischen Pflanzenteile ab. Im Winter erfolgt an manchen Stellen die Ernte von trockenem Schilfrohr.

vor Neuendorf auf Hiddensee

am Kirchsee auf Poel

am Großen Jasmunder Bodden

großes Foto: Röhrichtgürtel aus Strandsimse und Schilf am Gellen auf Hiddensee

breiter Schilfgürtel am Großen Jasmunder Bodden

geerntetes Schilfrohr in Hocken

GEWÖHNLICHES SCHILF
Das hohe, harte Gras

Schilf wächst auch fast an jedem Gewässer im Binnenland. Hier an der Küste aber scheint es besonders prächtig zu gedeihen – jedenfalls an den Ufern der Bodden und Haffe. Hier bildet es breite Ufersäume, die Schilfgürtel. An der Außenküste findet man es selten und längst nicht so hochwüchsig. Das ausdauernde, sehr stabile Gras wächst bis zu vier Meter hoch. Seine fingerdicken Wurzeln bilden ausgedehnte Geflechte, aus denen es im Frühjahr rasch kräftig austreibt. Im Herbst vertrocknen die hohlen Stängel, zu „Schilfrohr". Das wird im Winter geerntet („geworben") und dient hauptsächlich zum Eindecken der für die Küste typischen Rohrdächer.

großes Foto: Schilfgürtel am Strelasund nahe Stralsund

Wurzelgeflecht

im Strandgeröll der Außenküste

SUMPF-GÄNSEDISTEL
Prächtigste aller Röhrichtpflanzen

Zu den wenigen Arten, die im Röhrichtgürtel bestehen können, zählt die Sumpf-Gänsedistel – es darf nur nicht zu salzig werden. Diese kräftige Staude wächst so hoch, dass sie das Schilf an ihrem Standort meist deutlich überragt. Deshalb erkennt man sie auch sogleich im dichten Bestand – man kommt eben nur selten an sie heran.
Die ausdauernde Pflanze hat einen besonders kräftigen Wurzelstock. Ihre Blüten und Blätter lassen unschwer eine enge Verwandtschaft zum Löwenzahn erkennen. Ihre Blüten werden dann, wenn sie fruchten, zu den typischen „Pusteblumen".

großes Foto: Sumpf-Gänsedisteln im Röhricht am Kirchsee/Insel Poel

blühend

austreibend

GEWÖHNLICHE STRANDSIMSE
Die dichten Bestände

Von den vielen Gräsern, die an der Küste wachsen und auch Salzwasser ertragen, fällt die Strandsimse besonders auf. Ihre sehr schlanken Halme tragen mehrere kleine, dunkelbraune Ährchen, aus denen bei der sommerlichen Blüte gelbliche Staubgefäße ragen und die später ein etwas helleres, leuchtendes Braun zeigen.

Strandsimsen wachsen gern auf Neuland – auf den Schlickflächen zwischen Quellerwiesen und Schilfgürtel. Sie bilden dort so dichte Bestände, dass zwischen ihnen kaum andere Pflanzen Fuß fassen können.

großes Foto: Strandsimsen-Bestand am Ufer der Insel Langenwerder

blühend

blühend

KÜSTENSCHUTZ-PFLANZEN
Vom Menschen angebaut

Die ausgedehnten künstlich angelegten Dünenareale an unserer Ostsee dienen dem Hochwasserschutz jener Flachküsten, die von Sturmfluten bedroht sind. Der zu ihrem Aufbau verwendete lockere Sand wird jedoch von heftigem Wind und anstürmenden Wellen problemlos weggetragen. Dann besteht die Gefahr der Zerstörung dieser mit viel Aufwand errichteten Anlagen. Das kann schließlich zu Deichbrüchen und zur Überflutung des flachen Hinterlandes führen. Also versucht man, die Hochwasserschutz-Dünen und Dünendeiche sowie ihr Hinterland zu stabilisieren. Dazu eignen sich Anpflanzungen, die das natürliche Bild der Küste möglichst wenig stören.

Neben dem Strandhafer (Seiten 14/15) pflanzt bzw. pflanzte man auch verschiedene Gehölze. Bei den hauptsächlich dafür eingesetzten Arten handelt es sich um „Exoten", also um nicht heimische, besonders robuste, dicht wachsende, stark wurzelnde Sträucher – allen voran Kartoffel-Rose und Sanddorn; hier und da auch Ölweide (unteres Foto). Obwohl vom Menschen angepflanzt, gehören Kartoffel-Rose und Sanddorn längst zum Naturbild unserer Küstenlandschaft. Diese robusten Sträucher breiten sich auch von selbst immer weiter aus. Dabei verdrängen sie stellenweise heimische Pflanzen. Zu dieser nicht beabsichtigten Entwicklung gibt es bei den Naturschutz-Fachleuten recht unterschiedliche Ansichten.

großes Foto: Kartoffel-Rosen auf dem Dünendeich vor Vitte auf Hiddensee

angepflanzter Küstenschutzwald (Luftbild)

Dünendeich und Küstenschutzwald

blühende Ölweide

KARTOFFEL-ROSE
Die Problematische mit wunderbarem Duft

Der stattliche Strauch mit den großen wunderbar duftenden Blüten und den schönen rotglänzenden Hagebutten erfreut das Auge. Er stammt ursprünglich aus Fernost, ist winterhart, salzverträglich, anspruchslos und langlebig – und ein sehr vertrauter Anblick. Zur Befestigung sandiger Ufer an vielen Stellen gezielt angepflanzt, erfüllt die Kartoffel-Rose überall die ihr zugedachte Aufgabe. Dass sie sich aber von selbst weiter ausbreiten und dabei heimische Pflanzen verdrängen könnte, wurde nicht bedacht. An manchen Stellen möchte man die Kartoffel-Rose gern wieder loswerden. Doch ihre Beseitigung ist äußerst schwierig und stößt bei Vielen auf Unverständnis.

großes Foto: Kartoffel-Rosen auf dem Dünendeich vor Vitte auf Hiddensee

SANDDORN
„ZITRONE DES NORDENS"

Die mit orangenen Beeren dicht bepackten dornigen Zweige des Sanddorns leuchten im Herbst an vielen Stellen der Küste aus dem Ufergebüsch. Für uns gehören sie einfach zum Bild der Ostseeufer. Dabei wächst Sanddorn vielfach auch im Binnenland.

Hier an der Küste wurde der ursprünglich aus Zentralasien stammende Strauch lange Zeit systematisch zur Uferbefestigung angepflanzt. Inzwischen hat er sich an vielen Stellen von selbst ausgebreitet. Er bildet hier und da mehrere Meter hohes, undurchdringliches Strauchwerk. Seine vitaminreichen Beeren werden geerntet und in vielfältiger Weise verarbeitet. Sanddornprodukte verkaufen sich an der Küste besonders gut.

Alles über Sanddorn findet man im Buch „Der Sanddorn" von E. & F. Löser, ebenfalls erschienen im Demmler Verlag.

2020
Eine mysteriöse Erkrankung führte in den vergangenen Jahren zum Ausfall der Beerenbildung bzw. sogar zum Absterben vieler Sanddornsträucher.

austreibend

fruchtend

PFLANZEN UNTER WASSER
Gewächse vom Meeresgrund

Blasentang und Seegras, die häufigsten Pflanzen der Ostsee, findet man an allen Stränden. Sie wachsen in ausgedehnten Beständen im Flachwasser, werden bei Sturm oft losgerissen und in Massen an den Strand geworfen. Dort liegen manchmal ganze Berge verrottender Meerespflanzen ausgerechnet an den schönsten Badestränden – unangenehm. Doch die Pflanzen des Meeres sind im frischen Zustand ebenso interessant wie die auf dem Festland wachsenden.

Es gibt zahlreiche Arten von Meeresalgen. Mit dem Begriff „Algen" sind hier immer die **Großalgen** gemeint. Von den zahlreichen Großalgen, die in der Nordsee leben, wachsen einige auch in der Ostsee. Die meisten von ihnen haben hier das gleiche Problem mit dem geringeren Salzgehalt wie viele Meerestiere. Sie werden also mit abnehmendem Salzgehalt nach Osten hin kleinwüchsiger und fehlen dann schließlich ganz.

Neben dem Seegras, der einzigen echten Blütenpflanze der Ostsee, sind hier nur die wichtigsten und auffälligsten Großalgen dargestellt – **Braun-**, **Rot-** und **Grünalgen**. Die stabilen Braunalgen werden allgemein auch als **Tang** bezeichnet. Wenn der Laie zu allen angespülten Algen „Tang" sagt, nimmt ihm das der Fachmann nicht übel.

Wie bei den Landpflanzen haben auch die Algen an verschiedenen Standorten unterschiedliche Wuchsformen. Sie sehen also manchmal etwas anders aus als auf den Fotos.

großes Foto: Großalgen aus der westlichen Ostsee

Blasentang

Blasentangwiese

Tang- und Seegrasreste, ausgeworfen am Strand der Schaabe/Rügen

SEEGRAS
Blütenpflanze unter Wasser

Das Seegras ist die einzige echte Blütenpflanze, die es in der Ostsee gibt. Anders als die Algen wurzelt sie vorzugsweise in sandigem Grund und bildet in flachen Arealen ausgedehnte Unterwasserwiesen. Dazwischen leben zahlreiche Meerestiere wie Jungfische, Krabben oder Garnelen. Bei Sturm werden oft große Mengen von Seegras losgerissen und an den Stränden angeschwemmt. Bei entsprechendem Wetter trocknen die frisch grasgrünen Halme recht rasch. So getrocknetes Seegras riecht angenehm – fast wie frisches Heu. Erst wenn die Seegrasmassen länger am Strand liegen, beginnen sie zu verwesen, mit Sand überdeckt sogar zu verfaulen. Dann wird das Seegras dunkel, fast schwarz.

großes Foto: am Strand vor Graal-Müritz angespültes Seegras

BLASENTANG
Der mit den typischen Blasen

Blasentang kennt jeder. Er ist die weitaus häufigste Großalge der Ostsee – überall zu finden, auch im Bottnischen und Finnischen Meerbusen sowie fast in jedem Bodden. Vor der deutschen Ostseeküste wächst er besonders auf Geröll und Gesteinsbrocken am Meeresboden und an Buhnen.

An Felsküsten wie auf Bornholm kann man im Flachwasser seine dichten Bestände bewundern. Nicht alle seine bemerkenswert unterschiedlichen Wuchsformen zeigen die typischen kugeligen Gasblasen (Auftriebskörper).

großes Foto: Blasentang-Unterwasserwiese vor Bornholm (Dänemark)

SÄGETANG
Der mit den gezackten Blättern

Der dem Blasentang recht ähnliche Sägetang hat keine Blasen, dafür sind seine Blattränder deutlich gezahnt („gesägt"). Der insgesamt etwas breitblättrigere, lederartige Tang ist häufig an den Stränden der westlichen Ostsee zu finden, stellenweise sogar häufiger als Blasentang. Nach Osten hin wird er selten. Es gibt ihn auch noch vor der Außenküste Nordrügens.

Manchmal findet man ein großes Säge- oder Blasentangbüschel mit einem anhaftenden Stein. Das ist die Unterlage, auf dem der Tang wuchs, die aber irgendwann bei Sturm nicht mehr ausreichte, um das immer größer werdende Büschel am Meeresboden festzuhalten.

ZUCKERTANG
Der mit den großen Blättern

Zuckertang ist die größte aller Braunalgen, die man in der Ostsee findet. Er enthält eine Zuckerart (Mannit) – daher der Name. Die breiten lederartigen Blätter werden in der Nordsee bis zu drei Meter lang. In der westlichsten Ostsee ist er schon deutlich kleiner. An seinen östlichsten Vorkommen – vor der Südküste von Bornholm – sind die Blätter nur noch maximal 40 cm lang, so wie die unten abgebildeten.

Wie die anderen Großalgen wachsen Zuckertang und Gabeltang nur auf festem Grund – auf Hartboden – und sie haben eine wurzelartige Kralle oder eine Haftscheibe.

GABELTANG
Der besonders Häufige

Gabeltang ist überall an der Ostsee zu finden. Während einige Großalgen nach Osten hin seltener werden, gibt es ihn dort häufiger.

Seine zahlreichen feinen, büschelig wachsenden Ästchen verzweigen (gabeln) sich mehrfach. Die kleinen, bräunlichen Büschel werden besonders im Winter an manchen Stränden in Massen ausgeworfen. Sie färben sich in kurzer Zeit schwarz und bilden dann stellenweise am Spülsaum lange, dunkle Streifen.

großes Foto: Gabeltang und Rotalgen am Spülsaum

MEERSALAT
Der appetitliche Grüne

Seine breiten Blätter erinnern tatsächlich eher an Blattsalat als an eine Meeresalge. An manchen Stränden wird Meersalat in großer Menge angespült. Seine zarten, frischgrünen Blätter fallen am Strand sofort auf. Allerdings welken sie im Sonnenlicht sehr schnell dahin und liegen dann oft als dünne, weißliche Häute im Sand.
Meersalat gedeiht in der westlichen Ostsee auf festem Untergrund. Losgerissene Blätter dieser Grünalge wachsen auch im stillen Wasser am Meeresboden weiter. Ganz frischer Meersalat sieht nicht nur ausgesprochen appetitlich aus. Er erinnert an Blattsalat. Anderswo (beispielsweise in Skandinavien) isst man ihn sogar.

großes Foto: angespülter Meersalat an einem Strand auf Nord-Seeland

MEERAMPFER
Der schön Gefärbte

Dieses leuchtende Rot fällt am Spülsaum sofort auf. Der Meerampfer mit seinen zarten Blättchen gilt als farbintensivste Ostseealge. Leider ist diese schöne Rotalge sehr empfindlich und wird im Wellenschlag schnell zerfasert, sodass oft nur die stabilen Rippen zu finden sind. Meerampfer wächst nur am Grunde westlichen Ostsee. Deshalb findet man ihn auch nur an den Stränden westlich der Insel Rügen. Andere, aber viel feinfasrige Rotalgen gibt es auch weiter östlich.

GUT ZU WISSEN

Naturschutz

Pflanzen – besonders ihre Blüten – sind eine Zierde der Küstenlandschaft. Sie sollten generell dort bleiben, wo sie wachsen und blühen, also nicht abgepflückt werden. Einige Pflanzen stehen direkt unter Naturschutz und sind hier im Buch mit dem Naturschutzschild versehen. Sie zu beschädigen, ist sogar per Gesetz verboten. Mit dem großen **Nationalpark Vorpommersche Boddenlandschaft** und zahlreichen Naturschutzgebieten stehen an der deutschen Ostseeküste auch besonders wertvolle Lebensräume der Küstenpflanzen unter Schutz.

Pflanzenfotografie

Natürlich ist es erlaubt, Pflanzen zu fotografieren – wenn sie oder andere dabei nicht beschädigt werden und man in den Schutzgebieten nicht vom vorgeschriebenen Weg abweicht. Die technischen Voraussetzungen für solche Fotos, wie man sie in diesem Buch findet, sind heute mit der digitalen Fotografie recht einfach. Selbst eine kleine Kompaktkamera liefert bei Nahaufnahmen mit der Makro-Einstellung gute Ergebnisse. Bei Spiegelreflexkameras sind Makroobjektive mit Festbrennweite oft besser als Zoomobjektive.

Früher sammelten Naturfreunde die Pflanzen, um sie zu pressen und ein Herbarium anzulegen. Das ist heute kaum noch zeitgemäß. Dafür kann man mit seinen eigenen Fotos problemlos ein **Fotoherbarium** gestalten. Anregungen dazu findet man im Internet.

Pflanzennamen

In diesem Buch werden die geläufigen deutschen Namen für die einzelnen Pflanzenarten verwendet. Für manche Pflanzen gibt es aber eine oder sogar mehrere andere volkstümliche Bezeichnungen. Die sind hier nicht erwähnt. Man findet sie sicher unter **www.wikipedia.de** bei Eingabe des hier verwendeten deutschen Namens – oder des lateinischen Namens, der auf der Seite gegenüber zu finden ist. Über diesen Link sind auch viele weitere interessante Details für die jeweilige Pflanze zu erfahren.

In diesem Buch sind alle deutschen und lateinischen Artnamen in Übereinstimmung mit folgendem Bestimmungsbuch (Standardwerk):
E. J. JÄGER (Hrsg.):
Rothmaler Exkursionsflora von Deutschland, 20. Auflage 2011,
ISBN 978-3-8274-1606-3

Bestimmungsbücher

Populärwissenschaftliche Bücher, die sich speziell mit Küstenpflanzen an der Ostsee beschäftigen, sind im Moment kaum zu bekommen. Als Feldführer wird empfohlen:
E. HOPPE: Strandpflanzen,
Faltblatt, Reihe „Am Ostseestrand"
Herausgeber: Deutsches Meeresmuseum Stralsund
In folgenden Bestimmungsbüchern findet man auch Strandpflanzen:
- R. FITTER: Parays Blumenbuch
ISBN 978-3-440-13290-6
- KOSMOS-NATURFÜHRER:
Was blüht denn da? Der Fotoband
ISBN 978-3-440-11490-2
- K. JANKE & B. P. KREMER:
Düne, Strand und Wattenmeer –
Tiere und Pflanzen unserer Küsten
ISBN 978-3-440-11740-8

ARTENLISTE

Blasentang	Fucus vesiculosus	Seite 72
Erdbeer-Klee	Trifolium fragiferum	55
Gabeltang	Furcellaria lumbricalis	75
Grasnelke	Armeria maritima	53
Heidekraut	Calluna vulgaris	38
Kali-Salzkraut	Kali turgida	16
Kartoffel-Rose	Rosa rugosa	64
Krähenbeere	Empetrum nigrum	41
Kriech-Weide	Salix repens	40
Löffelkraut (Dänisches L.)	Cochlearia danica	52
Mauerpfeffer (Scharfer M.)	Sedum acre	33
Meerampfer	Delesseria sanguinea	76
Meerkohl	Crambe maritima	12
Meersalat	Ulva lactuca	77
Meersenf	Cakile maritima	19
Pestwurz (Filzige P.)	Petasites spurius	34
Queller	Salicornia europaea	44
Salzaster (Strandaster)	Tripolium pannonicum	46
Salzmiere	Honckenya peploides	25
Salz-Schuppenmiere	Spergularia salina	50
Sägetang	Fucus serratus	73
Sanddorn	Hippophae rhamnoides	66
Sand-Strohblume	Helichrysum arenarium	26
Schilf (Gewöhnliches Sch.)	Phragmites australis	58
Seegras (Echtes S.)	Zostera marina	70
Spießblättrige Melde	Atriplex prostrata	22
Strand-Beifuß	Artemisia maritima	49
Stranddistel	Eryngium maritimum	10
Strand-Dreizack	Triglochin maritimum	20
Strandflieder (Gewöhnlicher St.)	Limonium vulgare	48
Strandhafer	Ammophila arenaria	14
Strand-Melde	Atriplex littoralis	23
Strandroggen	Leymus arenarius	15
Strandkamille (Echte St.)	Tripleurospermum maritimum	18
Strand-Milchkraut	Glaux maritima	54
Strand-Platterbse	Lathyrus japonicus	28
Strand-Stiefmütterchen	Viola tricolor	30
Strand-Wegerich	Plantago maritima	21
Strandsimse (Gewöhnliche St.)	Bolboschoenus maritimus	61
Strand-Tausendgüldenkraut	Centaurium littorale	51
Strandvanille	Epipactis atrorubens	32
Sumpf-Gänsedistel	Sonchus palustris	60
Tataren-Lattich	Lactuca tatarica	24
Wiesen-Kuhschelle	Pulsatilla pratensis	35
Zuckertang	Laminaria saccharina	74

AUTOR & MITARBEITERIN

Fotos, Bücher und Vorträge von Rolf Reinicke:
www.kuestenbilder.de

Rolf und Inge Reinicke

Bücher von Rolf Reinicke im Demmler Verlag

Fossilien am Ostseestrand
1. Auflage 2020
ISBN 978-3-944102-36-8

Funde am Ostseestrand
2. Auflage 2011
ISBN 978-3-910150-76-8

Steine am Ostseestrand
6. verbesserte Auflage 2018
ISBN 978-3-910150-75-1

Feuersteine, Hühnergötter
4. Auflage 2019
ISBN 978-3-910150-78-2

Kliff & Strand
1. Auflage 2011
ISBN 978-3-910150-89-8

Rügen – Strand und Steine
6. Auflage 2013
ISBN 978-3-944102-00-9

Strandschätze
2. Auflage 2019
ISBN 978-3-944102-26-9

Sand & Dünen am Ostseestrand
1. Auflage 2019
ISBN 978-3-944102-30-6

Bildband Mare Balticum
1. Auflage 2018
ISBN 978-3-944102-25-2

Bildband Usedom
1. Auflage 2011
ISBN 978-3-910150-91-1

Bildband Rügen
1. Auflage 2014
ISBN 978-3-944102-10-8

Sie zählen zu den besten Kennern von Natur und Landschaft an der Ostsee – der Autor **Rolf Reinicke** und seine Ehefrau **Inge Reinicke**. Sie sind hier seit vier Jahrzehnten gemeinsam oft und weit gewandert, haben dabei gesammelt, fotografiert und dokumentiert. Auch ungezählte Pflanzenfotos brachten sie von ihren Wanderungen mit nach Hause, so auch viele, die man in diesem Buch findet.

Rolf Reinicke (geb. 1943) gilt als erfahrener Geologe und exzellenter Landschaftsfotograf. Für alle seine zahlreichen Bücher – so auch für dieses – lieferte er Fotos und Texte. Seine Ehefrau hatte das Lektorat Sohn **Matthias Reinicke**, Grafik-Designer, lebt und arbeitet heute in Victoria/BC (Kanada). Er steuerte die Grafiken bei.